Vᵉ CONGRÈS DU SUD-OUEST NAVIGABLE

tenu à Bergerac les 6, 7, 8 juillet 1906

LES DÉRIVATIONS

A L'IDÉE DU

Reboisement des Montagnes

PAR

M. L.-A. FABRE

INSPECTEUR DES EAUX ET FORÊTS

BERGERAC

IMPRIMERIE GÉNÉRALE DU SUD-OUEST (J. CASTANET)

Place des Deux-Conils

—

1907

Vᵉ CONGRÈS DU SUD-OUEST NAVIGABLE

tenu à Bergerac les 6, 7, 8 juillet 1906

LES DÉRIVATIONS

A L'IDÉE DU

Reboisement des Montagnes

PAR

M. L.-A. FABRE

INSPECTEUR DES EAUX ET FORÊTS

BERGERAC

IMPRIMERIE GÉNÉRALE DU SUD-OUEST (J. CASTANET)

Place des Deux-Conils

1907

LES DÉRIVATIONS

A L'IDÉE DU

Reboisement des Montagnes

Pendant longtemps, parmi les spécialistes peu nombreux du reste, qui s'intéressent à la technique de la Restauration du sol montagneux, on a discuté sur la valeur des grands ouvrages en maçonnerie, sur les types de barrages, sur leurs courbes ingénieuses, sur les pentes-limites des ravins, et sur d'autres questions relatives aux résistances inertes qu'on cherche à opposer à la force vive, née, actuelle et souvent progressive du torrent. En 1900, si j'ai bonne mémoire, on formula même et sans succès d'ailleurs, un vœu tendant à ce que le Congrès International de Sylviculture réglementât l'appareillage des matériaux mis en œuvre dans ces barrages ; on aurait passé les blocs au gabarrit !

D'ailleurs, au lendemain de la catastrophe de Saint-Gervais, les ingénieurs-forestiers avaient abordé le cœur léger, la correction des *torrents glaciaires*. Peu après, ils inauguraient une méthode dont ils disaient merveille, et qui consistait à supprimer l'affouillement au grand jour, en dérivant dans des tunnels les *torrents de ruissellement* : après cet... escamotage, on pouvait sans doute se mettre la tête sous l'aile !

On se demandera peut-être quelles surprises nous réserve demain cette prestigieuse thérapeutique des sols malades, ulcérés par l'érosion, et qui tendrait de plus en plus à substituer à l'armature végétale primitive qui a disparu par le fait du berger, une série de procédés empiriques et ruineux, auxquels on donne volontiers libre carrière. Ces dérivations manifestes, qui d'ailleurs ne sont pas les seules, aux conceptions restauratrices du sol par l'emprise végétale, par l'idée du Reboisement, ne nous acheminent-elles pas à la faillite de l'œuvre ? d'autant qu'en fait et par suite d'une consigne maintes fois donnée et servilement suivie, les mesures restauratrices ne portent plus que sur les *berges-vives* des érosions, les lèvres de l'ulcère ?

En 1904, après une tentative infructueuse, parce que fort peu facilitée (1), d'accéder au tunnel d'évacuation de la poche d'eau du glacier de Tête-Rousse, la discussion de l'idée de plus en plus actuelle de Protection du sol, m'avait conduit au pays de la Houille-Blanche, à Grenoble (2). Là, j'étais à quelques heures des Basses-Alpes ; je ne résistai pas à la tentation d'aller en courant, revoir la vallée de l'Ubaye, qui commençait à devenir classique il y a trente ans, au double point de vue du Reboisement et des grands Barrages torrentiels.

Sur les hauts des adrets, je perçus aisément des flaches vertes, maculant des éboulis que je me rappelais avoir vus grisâtres autrefois : un ensemble de touffes sombres piquent les clapes blanches jusque vers les plus hauts escarpements. Dans le fond des ravins de la zone moyenne, serpentent les traînées vertes de fascinages et de cordons vivants. Mais à côté de ces signes incontestables de réemprise végétale, que de terres encore pantelantes, noires, grises, révélatrices d'un mal non conjuré depuis 30 ans ! Sur les parties basses des versants et dans le thalweg, quelles transformations, celles-là d'un tout autre ordre !

En aval de Barcelonnette confluent de part et d'autre de l'Ubaye, à l'altitude 1100 mètres, deux puissants ravageurs du sol, la rivière torrentielle du Bachelard, le torrent du Riou-Bourdoux. Grâce à l'éloignement de ses

---

1. A l'issue d'un Congrès forestier tenu par la Société forestière de la Franche-Comté et Belfort, à Annecy, nous désirions, un de mes collègues et moi, visiter ce tunnel. On nous fit entendre que son accès était impraticable, que les galeries étaient encore obstruées... nous n'insistâmes pas.

2. A. F. A. S. 1904, p. 565-571. *Gisements de Houille-Blanche et Protection du sol.*

sources, le Bachelard peut amortir la force vive de ses eaux sur une immense nappe d'alluvions caillouteuse. Le Riou-Bourdoux qui lui fait face, descend en trombe, puisant son énergie à près de 3.000 m. de hauteur, sur un parcours horizontal de 7 à 8 kilomètres à peine, pendant lesquels il sillonne jusqu'aux mœlles profondes du squelette rocheux, des sols friables argilo-calcaires, des terres, noires, blanches et grises. C'est un hideux ulcère qui épanouit ses sanies en un vaste cône de déjections étalé sur plus de 2 kilomètres de largeur, au bas du versant. Ubaye, Bachelard et Riou-Bourdoux y ruent leurs énergies torrentielles dans une lutte constante et formidable dont il n'existe je crois bien nul autre exemple plus saisissant.

Il y a 30 ans, une amorce de digue longitudinale défendait contre l'Ubaye les dernières maisons en aval de la ville : j'ai trouvé cette digue, que suit la route N^{le} n° 100, prolongée jusque sur le cône du Riou-Bourdoux. On se plaît à considérer ce torrent comme corrigé aujourd'hui, et pour se donner une illusion plus complète du succès, on lui a creusé un lit... *ne varietur !* On n'a maintenu jusqu'ici le chenal dans ce lit précaire qu'avec les plus grandes difficultés et sans pouvoir garantir qu'une forte crue ne le fera pas divaguer à nouveau sur son cône. Le niveau de la digue a vraisemblablement été établi de manière que la chaussée dominât le thalweg de 3 ou 4 mètres. Or, en de nombreux points, les alluvions de l'Ubaye ne sont tellement exhaussées qu'elles atteignent à quelques décimètres près, la hauteur de la chaussée : les ponceaux que franchit cette dernière, sont colmatés jusqu'à leur clé de voûte. On estime que depuis 30 ans l'Ubaye a surélevé son lit de plus de 3 mètres, malgré la chasse déterminée par des endiguements longitudinaux, des cavaliers, épis et autres ouvrages de secours. C'est une impitoyable marée caillouteuse !

A la gorge du Riou-Bourdoux, on exhibe avec une complaisance non déguisée, un colossal amas de maçonneries qui prétendent défier le torrent : barrages, contre-barrages, radiers, contre-radiers, murs en ailes..... que sais-je ! Tout cela a coûté des centaines de mille francs ! Ces blindages cyclopéens, ce puéril et ruineux engrenage peuvent stupéfier mais non convaincre. Comment applaudir à l'organisation de cette lutte folle entre la cuirasse et le projectile, sur un terrain où le temps et l'énergie patiente des « petits moyens » peuvent seuls obvier à d'aussi profondes avaries ? L'aimable cicérone qui me faisait les honneurs de cette visite en coup de vent, voulait bien me faire remarquer que si certains ravins de terres-noires n'étaient pas encore « traités », barrés, c'est qu'on manquait de matériaux d'un calibre suffisant : on devait y pourvoir avec des blocs artificiels ! Je crois bien que ce forcené barrageur n'eut pas reculé à l'idée de barrer l'Ubaye lui-même.

La *correction* (?) du Riou-Bourdoux a déjà coûté paraît-il près de 2.500.000 francs, et ce n'est qu'*un* des nombreux torrents de cette vallée dont, à l'amont, *nous n'avons capté aucune source torrentielle.* On peut se demander si la ruineuse orgie de moëllons consécutive à ces méthodes hâtives de restauration du sol répond soit aux intérêts en jeu, soit à l'esprit de l'œuvre suivie ?

J'ai cherché, parmi les nombreux voisins et émules du Riou-Bourdoux quelques-uns des beaux et savants ouvrages à l'élaboration desquels notre excellent maître Demontzey m'initiait jadis. On crut bien m'en montrer quelques-uns, mais leur ensemble avait été pulvérisé, et plus d'une fois : ce n'était qu'avec des éditions récentes et augmentées, qu'on cherchait, vainement d'ailleurs, à provoquer mon admiration. Le sentiment qui s'éveillait en moi était tout autre ; j'en demande pardon à la mémoire de Demontzey dont la grande œuvre ne saurait être amoindrie par ces erreurs (1).

---

1. Dans la plupart des *plaidoyers pour les barrages*, on s'est attaché, afin de justifier des procédés, qui restent injustifiables quand ils atteignent les proportions des ouvrages que j'ai cités, à invoquer la grande autorité de Demontzey. On oublie trop volontiers le culte que cet éminent maître avait et professait en toute circonstance pour le *reboisement*. Dans un de ses derniers ouvrages, écrit à la fin prématurée de sa vie, il s'exprimait ainsi : « Les grands massifs forestiers, dont la « création s'impose dans les bassins supérieurs, combinés avec les forêts qui subsis- « tent encore, formeront les réserves d'eau les plus certaines, les plus complètes, « les moins dispendieuses et constitueront une vaste éponge retenant les eaux et « ne les rendant que peu à peu. Si l'on veut bien, la création de ces *barrages- « vivants* peut s'effectuer presque aussi rapidement que la construction des barra- « ges, œuvres mortes, qui réclameraient de coûteux entretiens et suspendraient sur « la vallée, une véritable épée de Damoclès, tandis que les Forêts produiront « d'autant plus d'effet qu'elles vieilliront davantage. » (*Les retenues d'eau et le reboisement*, etc. — 1896, page 35).

Qu'il y a loin, de la conception du *barrage-réservoir* à celle du *tunnel* en matière de Restauration des montagnes !

La citation suivante montre avec quelle judicieuse prudence, les forestiers suisses savent user des maçonneries pour corriger leurs torrents :

Le Trachtbach, près Brienz, qui a été mentionné à différentes reprises dans la *Schweiz-Zeitschrift für Forstwesen*, menaçait le village d'un grand danger permanent ; bien que, depuis le début de l'année 1870, on eut dépensé 84.000 fr. à un

De l'Ubaye, par la haute Durance, la Guisane, le pamir des Grandes Rousses, je gagne rapidement la haute vallée de l'Arc, une de ces régions savoyardes dont on vient de nous apprendre que « les torrents font la richesse », et où les tunnels torrentiels faisaient paraît-il merveille. Je savais par ailleurs à quoi m'en tenir sur le prétendu profit que les vallées montagneuses peuvent tirer de l'érosion torrentielle ; mais j'étais attiré par d'autres questions. Depuis longtemps, un éminent géologue, très localisé dans les Alpes, avait sévèrement critiqué nos procédés de restauration du sol, tout en rendant justice à l'instruction « technique et mathématique, en général très élevée du personnel chargé de ce service » (1). J'espérais trouver au moins exagérée, sinon préconçue, cette critique répandue à l'étranger et que nul parmi nous n'avait cru utile de relever. J'étais aussi fort intrigué par l'aspect cartographique des périmètres savoyards

glacis faisant un lit au ruisseau sur le cône de déjection. A chaque gros orage, et souvent trois ou quatre fois dans un été, ce glacis se trouvait comblé par des apports dans sa partie inférieure, les communications par la grande route étaient interrompues, le torrent menaçait les maisons voisines et même, lors des fortes chutes de grêle, le bourg entier.

En 1895, la commune, excellemment instruite et conseillée par M. l'inspecteur des forêts Muller, à Meiringen, décida de reboiser et corriger tout le bassin du Trachtbach. Le devis des dépenses dressé par le service forestier s'éleva à 178.000 fr. dont 30.000 pour le reboisement de 38 hectares de pâturage et d'herbage et 148 000 pour les travaux de correction. De cette dernière somme la plus grande part était destinée à des constructions contre les avalanches, qui semblaient indispensables à l'exécution du reboisement, et una quarantaine de mille francs seulement était affectée à des constructions dans le torrent, ainsi à 15 barrages, à des digues, etc.

On mena *d'abord à bonne fin* les travaux contre les avalanches et ceux du reboisement. Quant à la correction du torrent, on ne fit que *le plus urgent*, savoir : 5 des 15 barrages et différentes petites consolidations de seuils et de rives. Les dépenses qui en résultèrent, au lieu de s'élever à 40 000 fr. ne furent que de 11.900 fr. Néanmoins, les habitants de Brienz ont la conviction de plus en plus forte qu'il n'est plus besoin d'autre consolidation du lit, sauf peut-être encore un barrage. Depuis plusieurs années le Trachtbach n'a plus amené de dépôts dans le glacis ; il n'apporta que de l'eau trouble et même jamais en quantité menaçante. Le pont de la grande route, suspendu par des chaines, n'a plus jamais dû être démonté lors des gros orages et des deux côtés du glacis, sur le pavé, les broussailles sont envahies par une herbe riche sortant des fentes. *Par suite des travaux forestiers,* le redoutable Trachtbach est devenu dès aujourd'hui un tranquille ruisseau, bien qu'il n'ait pas même été employé 12.000 fr. pour assurer son lit par des constructions. — Si l'on avait débuté par celles-ci, un crédit décuple eût été certainement insuffisant.

(Extrait d'une conférence du docteur Fanckhauser — Schweiz-Zeitschrift für Forstwesen, 1904, p. 213.) (In : *Bulletin de la Société forestière de Franche-Comté et Belfort* ; Décembre 1904, pages 676-677.

1. W. Kilian. Ann. du Club Alpin austro-allemand XXIX, 1898, page 2 (note).

de reboisement, aux formes fluettes, bacillaires, en virgule, de ces « infiniments petits, au rôle infiniment grand » dans la technique nouvelle du reboisement.

Ces apparences étriquées, menues, contrastent étrangement avec les masses largement étalées des périmètres provençaux. C'est un aspect tout nouveau auquel conduit la restriction idéale des emprises protectrices aux *berges vives* des torrents, suivant la formule consacrée. Quels travaux utiles pouvait-on bien installer sur de pareils atômes de périmètres ?

Les ruines du village de Bozel saignaient encore de l'accès de rage du Bon-Rieux : je me hâtai d'aller visiter son bassin de réception. En amont d'une zone forestière traversée par le canal d'écoulement du torrent, et où le boisement protégé par le Régime forestier protège à son tour immédiatement l'agglomération de Bozel, la culture agricole a commencé la dénudation en étageant des terrasses aujourd'hui converties en herbages. De nombreux arbres isolés, tilleuls, frênes, érables, épicéas, sureaux, en partie exploités comme feuillards, sont les restes de l'ancienne association forestière protectrice du sol : ce dernier a, de loin, l'aspect d'un verger. Plus haut, dans la zone subalpine, la forêt d'épicéas couvre la partie gauche du bassin. Elle est d'abord très dense, dans la limite de protection que lui assure le Régime forestier : au-delà, le massif, abandonné à la libre jouissance des habitants (1), n'a plus de forêt que le nom, c'est une épave, un lambeau de boisement pantelant et raviné où l'érosion des gypses et cargneules du sous-sol entaille de profonds et blancs ulcères : leurs ramifications ultimes remontent bien haut sillonner l'alp. Sur le flanc droit du bassin, des taillis d'aunes verts et de génevriers dont le feutrage constituerait une cuirasse végétale à toute épreuve pour le sol, sont exploités et incendiés avec acharnement par les bergers. Malgré la chasse formidable et récente, beaucoup de ravins sont encore, à leur origine, gorgés de matériaux meubles, réserves disposées pour la prochaine mobilisation torrentielle. Il eut fallu pouvoir expliquer aux sinistrés cette lumineuse leçon de choses. Ils ne parlaient que de

1. C'est le « bas de laine » qui permet à la municipalité, de faire de généreuses largesses. En principe, les bois de cette forêt banale sont destinés à alimenter les chalets et abris pastoraux. Au moment de mon passage, un atelier d'exploitation y fonctionnait : on y desciait des planches qu'on descendait vendre dans la vallée, avec l'autorisation municipale. Les chalets pourvoyaient à leur chauffage avec les génevriers et les aunes verts de la zone supérieure.

réendiguer le Bon-Rieux, d'emmagasiner ses laves, se plaignant très hautement que l'Etat-Providence, qui avait mobilisé une petite armée pour les secourir, ne déblayât pas plus vite les ruines amoncelées ! On ne leur avait pas encore suggéré l'idée d'enfouir le Bon-Rieux ; peut-être y songent-ils maintenant? En tous cas, le danger né et actuel est aujourd'hui tel qu'il était hier, par le fait de la dénudation absolue du haut bassin du Bon-Rieux à laquelle on ne songe pas à remédier. Bozel, Brides et tant d'autres charmantes stations savoyardes bâties à la gueule d'un torrent et sur ses alluvions, sont à la merci du « sac d'eau » qu'un orage fera crever dans leurs bassins ravagés par la dénudation.

Tout récemment le torrent de Charmeix vient de donner près de Modane, et sur les rives mêmes d'un périmètre de reboisement, une de ces nouvelles leçons de choses (1). Elles sont parfois très suggestives. Sur le flanc septentrional du mont Jouvet, au nord de Bozel, une série de barrages étagés dans un couloir torrentiel devait amortir la chute de matériaux qu'un torrent peu actif charriait dans le village de Sauget. On y avait dépensé 50.000 francs en travaux de consolidation de lit, barrages, seuils etc., exclusivement limités aux *berges-vives* : aucun travail de végétalisation n'était prévu dans le bassin de réception. Lors de la catastrophe de Bozel, tout cet appareil de moellons, au lieu d' « emmagasiner » les alluvions, fut rompu comme château de cartes et instantanément balayé dans la vallée.

Mais une place hors pair parmi les œuvres issues des conceptions nouvelles de restauration du sol, doit être faite au tunnel que l'on forait alors non loin de Doucy, près Bellecombe, et qu'on a, paraît-il, inauguré cette année. Le torrent du Morel, affluent de rive gauche de l'Isère, a son bassin de réception dans un massif montagneux qui atteint 2.800^m

---

1. F. Ballif. *Le Torrent,* in « Le Figaro » du 3 août 1906.
Voir également l'excellente étude publiée dans « La Géographie » (15 septembre 1906, pages : 143, 158. Photot.) *La débâcle du Charmeix, aux Fourneaux, dite « éboulement de Modane »*, par M. Paul Girardin. Les nombreux aperçus forestiers donnés par l'éminent auteur très localisé dans les Alpes de Savoie, sont du plus haut intérêt.
« ... Enfin les bois reculent, au lieu de s'étendre. A part la forêt d'Arc, soignée « comme un parc, là où la forêt est dense elle se clairière, et là où elle se clairière « elle disparaît. Partout où elle n'est pas soumise au régime forestier, les habitants « abattent avec inconscience, bois d'œuvre et bois de chauffage.... La ruine des « parcelles » boisées est aussi néfaste que celle des forêts. Voilà pourquoi la zone « des « boisés » a rétrogradé de 300 mètres depuis l'époque historique... » page 152.

d'altitude. Le sol est constitué par des terrains relativement résistants et stables, mais imperméables, ruisselants et presque en totalité dénudés. Après un parcours en distance horizontale de 10 à 12 kilomètres, le Morel débouche à l'altitude de 400ᵐ, en face de Bellecombe, sur un immense lit de déjections qui a rejeté vers le nord le cours de l'Isère. Dans sa zone inférieure, il suit une gorge profondément entaillée dans des schistes jurassiques friables à stratification redressée presque verticalement. L'affouillement torrentiel qui se porte surtout sur la rive gauche, sape la base de ces strates qui glissent en se décollant, par gradins. Le mouvement se propage à 15 ou 16 cents mètres à l'amont du versant jusqu'au village de Doucy dont il atteint quelques maisons : d'où le fait d'Intérêt Public qui a paru suffisant pour motiver l'intervention de l'Etat par le service de Reboisement.

Les moyens mis en œuvre sont les suivants. Sans se préoccuper en aucune manière de l'état de dénudation du bassin de réception torrentiel, on imagina de forer un tunnel sur la rive droite du torrent, à la naissance de la gorge schisteuse, pour dériver les eaux et les empêcher de saper les strates de la rive gauche.

A vrai dire, le procédé qui a déjà été appliqué en Maurienne, n'est pas nouveau : les reboiseurs ne l'ont pas inventé. La petite ville de Mées (Basses-Alpes), est bâtie sur le cône et à la gorge même d'un torrent pléistocène que le boisement éteignit spontanément ; son bassin de réception *en plateau* est entièrement assis dans des poudingues miocènes très résistants et imperméables ; les pentes sont peu accusées, sauf à la gorge qui n'est pas à plus de 50 à 60 mètres en contrebas du plateau. Jadis, afin d'éviter que les eaux du torrent ne sillonnassent les rues de l'agglomération, on les dériva dans la Durance par un tunnel foré en amont de la gorge, dans la paroi de rive droite du ravin. La forêt de chênes qui armait le bassin subit naturellement les assauts des habitants et de leurs chèvres, si bien que l'activité torrentielle se réveilla progressivement. La dérivation, gorgée de galets qui s'étaient déversés tout alentour, s'obstrua, et un beau jour la ville de Mées se trouva sérieusement menacée d'être emportée et alluvionnée par le torrent que ses habitants avaient déchaîné. Il y a 30 ans, j'ai de bonnes raisons pour m'en souvenir, on demanda l'intervention du service du Reboisement des Basses-Alpes. Peu

après, un périmètre de reboisement était créé, des planta-
tions commencées, un mur de retenue provisoire contre les
galets édifié. Depuis lors, la dérivation latérale débloquée,
qui n'a plus reçu d'apports torrentiels, a fonctionné sans
incidents : la ville des Mées reste absolument garantie contre
toute atteinte torrentielle, tant que le Régime Forestier pro-
tègera la forêt dont j'ai eu la mission de faire semer les
premiers chênes.

Le tunnel du Morel a 990 mètres de long : sa section demi
circulaire a 5 mètres de large sur 4m5o de haut. Son plafond
est constitué par un radier de maçonnerie en gradins, avec
une pente générale de 0m11 par mètre, vers l'aval. Il débouche en cascade sur un escarpement naturel, à 75 mètres de
hauteur au-dessus du thalweg. Une série de mésaventures
techniques et autres sur lesquelles je n'entreprends pas d'in-
sister aujourd'hui, grossit outre mesure le chiffre primitif
des évaluations qui se montait à 300.000 francs. En cours de
route, on est arrivé paraît-il à y dépenser 3 millions ! (1) à
peu près une annuité de l'allocation habituellement affectée
à la Restauration des montagnes !

L'accident stratigraphique que des influences locales
ont exploité pour engager l'Etat dans cette impasse, est
fréquent en montagne, mais s'il est possible d'y obvier,
ce ne sera jamais avec la seule inertie de la maçonnerie. Les
« décollements » de Doucy, peuvent avoir pour cause l'in-
filtration d'eaux superficielles, provenant soit du ruissellement des pluies, soit de l'irrigation, sur la région dénudée
de prairies et de petite culture, au milieu de laquelle
est bâti le village, et qui recouvre la tranche des couches
schisteuses. Un fait analogue s'est produit, il y a quelques
années, dans la vallée de Barèges, on y obvia aisément et personne n'eut pour cela l'idée d'enfouir le Bastan dans un
tunnel !

D'ailleurs est-on bien sûr que les pentes, la. section
du canal, basées sur des données purement empiriques,
permettront une évacuation suffisante et continue des
matériaux charriés ; car enfin, un simple coup d'œil

1. « Cependant l'Administration forestière engloutit au loin des millions sans
compter, notamment dans les torrents des Alpes. Récemment encore, on inaugurait
à grand fracas à Bellecombe (Savoie), un gigantesque tunnel qui, avec ses abords,
ne coûtera guère moins de trois millions, tout cela pour protéger quelques hectares..... de cailloux. » (E. Detois, Bulletin T. C. F. Août 1906, p. 358).

à la tête amont du tunnel, montre le lit encombré de blocs gigantesques, dont beaucoup en poudingues siliceux carbonifères, très résistants ? Une crue subite, la chute d'un « sac d'eau » ne pourrait-elle pas obturer cette fistule et déterminer dans le bas de la vallée, quelque chose comme une nouvelle édition de la catastrophe de Bouzey ? Sous la prétendue sauvegarde de cet ingénieux ouvrage, des habitations vont se construire, des cultures se développer à son aval ; quelles ne sont pas aujourd'hui et à tous les degrés, les responsabilités engagées ?

Est-on sûr de trouver plus tard les ressources nécessaires à l'entretien d'un pareil ouvrage et de ses accessoires obligés, tous exposés à une usure permanente, aux formidables pulvérisations que peut développer un « travailleur » tel que le Morel, aux origines duquel, aucun reboisement n'a été prévu ? Sur quels articles du crédit du Reboisement légitimera-t-on l'imputation permanente de dépenses, consistant essentiellement à remailler des radiers et des parements de murailles, à évacuer des blocages accumulés entre deux crues ? En présence de tous ces aléas, particulièrement de ceux concernant les mouvements du sol, on peut se demander si l'Etat n'eut pas eu avantage à rebâtir à ses frais le village de Doucy sur un autre point stable de la commune, en laissant le Morel travailler comme jadis ?

Car on ne peut oublier qu'avec la somme ainsi engloutie sur quelques mètres carrés, pour une utilité si problématique, on eut pu reboiser et vivifier des milliers d'hectares de nos sols pauvres et stérilisés, ailleurs qu'en Savoie (1), si les savoyards persistent à considérer leurs torrents comme des pactoles ; qu'on eût pu y semer des gisements d'une houille blanche que la future cascade du Morel ne donnera jamais ? Que les savoyards regardent autour d'eux aujourd'hui, ils verront sans peine que les torrents peuvent enrichir les vallées autrement qu'en y colmatant la terre des montagnes ; qu'ils se laissent instruire, ils se convaincront peut-être que cette houille blanche, l'énergie de l'avenir,

---

1. On s'est vivement plaint, lors de la discussion du budget de 1906, du délaissement où se trouvent certaines régions du Plateau Central dont le reboisement intéresse la navigation de la Loire. Les saignées à blanc que les travaux savoyards opèrent à notre budget si restreint, peuvent expliquer en partie les « dérivations » qui font affluer ses ressources dans les Alpes.

ne peut être développée sur leurs alpages que par les forêts et les pelouses.

Cet ensemble de faits, étudiés sur place et sur lesquels d'autres ont insisté plus longuement(1) quoique parfois dans un esprit très différent, n'affirment que trop la justesse des critiques émises par les géologues sur l'empirisme des conceptions nouvelles visant la restauration du sol par la matière inerte; sur « les préoccupations exclusives d'exécuter des travaux « d'art à grands effets, devant faire remarquer leurs auteurs « et dont l'opportunité demeure souvent contestable » (W. Kilian); sur la nécessité d'entraver de pareilles dérivations à l'idée maîtresse du reboisement des montagnes qui est d'opérer par travaux extensifs et non intensifs. Les plaidoyers « pour le barrage » ne sauraient plus être justifiés en France, même par cette considération que « d'autres nations engagent des dépenses plus considérables pour de pareilles œuvres » (2).

Que dire de la prétention qu'on eut de « corriger » les *Torrents glaciaires*, une des « dérivations » les plus curieuses sans contredit parmi celles envisagées ? On a depuis longtemps écrit et discuté sur l'érosion glaciaire. On admet aujourd'hui que son action et essentiellement « discontinue » (3) ; peut-être est-elle en rapport avec les causes complexes qui agissent sur l'alimentation des fleuves de glace, et en font osciller la marche; peut-être alors est-elle fonction de la dénudation culturale, de la déforestation des plaines (W. Kilian) ? Mais dans l'état actuel de nos connaissances, nous ignorons tout des dangers que peut recéler le glacier lui-même. Nous savons que dans sa masse se forment de vastes poches d'eau qui suspendent sur les vallées la menace d'une soudaine catastrophe; mais nous sommes absolument réduits aux conjectures sur le mode de formation de ces poches qui se déplacent, sur l'heure, le lieu et les causes de leur rupture. On se défendra plus aisément des catastrophes que peut entraîner la progression même des

1. F. Briot, *Les Torrents des Alpes.* — *Rev. des Eaux et Forêts* (avril et mai 1905)

2. E. Thiéry, *Réponse à l'article de M. F. Briot.* — *Rev. des Eaux et Forêts* (janvier, février 1906).

3. J. Brunhes, *Sur les Contradictions de l'Érosion glaciaire.* Compte rendu Acad. des Sciences, 28 mai 1905.

glaciers, ou le déchaînement soudain des eaux barrées par eux : on peut le plus souvent pressentir ces dangers. En définitive nous n'avons, jusqu'ici du moins, aucune action immédiate sur cet ensemble de phénomènes. C'est peut-être fort heureux au point de vue des sources de la houille blanche qui sans cela eussent été depuis longtemps déchaînées, comme le sont celles des rivières aujourd'hui.

Comment sur un pareil terrain où tout est hasard, imprécision, l'Etat se laissa-t-il entraîner il y a quelques années à « penser qu'un travail *préventif* était possible ? » (1) Comment justifier le grand tapage mené autour de l'évacuation de l'eau restant au fond de cette fameuse poche de Tête-Rousse qui ne menaçait plus personne depuis la catastrophe de Saint-Gervais, et qu'on mit tant d'années, et probablement tant d'argent, à retrouver ? (2) Quelle sauvegarde nouvelle s'imaginera-t-on avoir donné « à toute une vallée riche et peuplée » par cette opération bruyante et toute de réclame.

En terrain purement *torrentiel*, quand sur les millions d'hectares de nos terres pauvres, les eaux déchaînées débordent et font rage, quand l'état de misère des sols pastoraux est devenu tel qu'il en chasse les populations affamées, la loi de Restauration des Montagnes ne tolère, on ne le sait que trop, *aucune mesure préventive*. Depuis 25 ans, une constante et unanime réprobation a condamné la lettre de cette loi derrière laquelle se retranchent encore, et plus que jamais aujourd'hui (3) les Pouvoirs Publics, devenus résolument inactifs quoique mis en éveil depuis longtemps (4).

1. Kuss, *Les Torrents glaciaires*. Restauration et construction des terrains en montagne. Paris, Imp. N^{le}, 1900, B^r in-8, 88 p. Photot. page 73.

2. Tignol, *Les glaciers du Mont-Blanc*. Conférence donnée par le C. A. F. à Dijon, le 24 mars 1903.

3. Discours de MM. Ferdinand Brugère et Félix Chautemps. — *Journal Officiel* du 28 novembre 1896. Chambre : page 2729-2730. « L'Administration des Eaux et « Forêts, en vertu de la loi du 4 avril 1882, ne doit faire créer de périmètres que lorsqu'il y a *dangers nés et actuels*. » (Discours du ministre de l'Agriculture. Chambre des députés, février 1906.)

4. Discours du ministre de l'Agriculture. — *Journal Officiel* du 6 juillet 1883, Chambre, p. 1590. « On me répète qu'il y a dans les Alpes et les Pyrénées, certains « départements qui se fondent littéralement, où les montagnes dénudées glissent « dans les plaines, où les plus grands malheurs sont à redouter si on ne prend à « leur égard des mesures énergiques. *Voulez-vous avoir la responsabilité des catas-« trophes menaçantes ?* »

N'est-il pas profondément lamentable et rebutant de penser que nos efforts, nos ressources prodigués ainsi depuis 40 ans sont restés presque inefficaces, et le seront de plus en plus dans l'avenir ; de recueillir après tant de douloureuses et coûteuses leçons, la haute affirmation de l'inertie systématique de l'Etat, quand il s'agit de Protection du sol ?

En matière *glaciaire*, pour un fait unique, très localisé, dont le caractère dangereux n'existait plus, il en fut tout autrement : on sut interpréter avec complaisance des textes étroits, prêter la main aux entreprises les plus hasardées, les plus coûteuses. Alors que nous disposions de méthodes sûres, économiques, essentiellement objectives, immédiatement applicables, aussi bien dans l'esprit que dans la lettre de la loi, consacrées des Alpes aux Pyrénées, on aura marché à l'aventure, escomptant pendant des années et sur un point très limité, un résultat disproportionné avec les ressources employées, et sans aucune sauvegarde pour l'avenir.

De ce qui précède, on est en droit de conclure que l'engrenage des grands barrages en maçonnerie, l'opération d'une poche d'eau glaciaire, le forage de tunnels de dérivation de torrents, et autres expédients appliqués aux sols exposés au déchaînement des eaux, ne constituent pas des méthodes scientifiques, ne répondent à aucun point de vue à l'objectif essentiel de la restauration des montagnes.

Le champ manque-t-il donc « au zèle et à la vaillance de « ces distingués et infatigables jeunes hommes qu'ont entraîné dans cette lutte, l'enthousiasme et les enseignements « d'un maître sympathique, et qu'exalte la même ambition « d'obtenir des résultats immédiats et frappants » (1).

La loi de 1882 s'est chargée d'élargir ce champ, par les faits nouveaux d'ordre sociologique qui découlent aujourd'hui de l'*expropriation étatiste* des sols torrentialisés, de la « nationalisation » progressive de nos terres montagneuses.

Le déchaînement des eaux torrentielles n'est que la traduction fatale et violente de la dégénérescence physiologique du sol. Sur toutes les terres où accèdent en quantité suffisante les eaux aériennes, elles finissent par semer et faire fructifier les germes de la vie végétale qui développent des « associations de plantes », capables de stabiliser les éléments

1. Briot, *op. cit.*, p. 206.

minéraux superficiels. Ces plantes se « syndiqueront »
en vue du captage des eaux atmosphériques qui est
l'élément essentiel de leur activité : elles sont organisées
pour cela. Chaque individu fournira, à « bénéfice mutuel »
(C. Flahault) avec ses associés, le travail spécial auquel
il est naturellement adapté dans le groupement : c'est
pour lui « le moindre effort ». La résultante de cette
infinité d'efforts infimes constitue un *travail physiologique* de fertilisation, dont bénéficie, et à l'aide duquel
progresse « l'association ». Sur le sol qu'elle occupe et
qu'elle rend « hygroscopique », les eaux de ruissellement génératrices du torrent, sont momentanément captées pour for-
mer la partie essentielle de la réserve alimentaire : après
utilisation par les plantes, elles sont en grande partie resti-
tuées à la circulation aérienne.

Ainsi se développeront sur le sol végétalisé, des *gisements*
de houille-blanche, de carbone et d'azote, spontanément
puisés par activité biologique dans les réserves intarissables
de l'atmosphère : la végétation, fonction géographique du
lieu, y devient le correctif naturel de l'érosion (1).

De l'arbre séculaire des forêts, au brin d'herbe des hautes
pelouses, à la délicate bactérie du sol, l'enchaînement biologique des « énergies » est continu et harmonieux : aussi
a-t-on pu justement dire « qu'arracher un arbre c'est dégra-
der l'énergie. » (B. Brunhes), c'est mobiliser à nouveau la
terre végétale, c'est désertiser le sol : au point de vue « social »
c'est entamer l'expropriation physique du sol, qui détermi-
nera fatalement l'exode en masse de ses habitants.

Que l'homme par la culture extensive et imprévoyante en
plaine, par le pastorat désordonné en montagne, rompe l'har-
monie naturelle qui enchaîne les eaux et fertilise la terre,
le jour arrive fatalement où l'on devra crier sauve-qui-peut
dans les vallées, et très au loin dans les plaines. C'est ce
qu'on n'eût pas le temps de faire à Toulouse en 1875, à
l'Isle-en-Dodon en 1897, à Bozel en 1904, aux Fourneaux
en 1906...

Rien, dans les discussions qui s'élevèrent au sein de
la grande Commission Interparlementaire de 1878, pour

1. *Elaboration des sources par les montagnes et les forêts.* La Nature 18 août 1906.
La dénudation du sol montagneux au point de vue agricole et hygiénique. Compte-
rendu du IV⁰ Congrès du Sud-Ouest Navigable. Béziers 1906.

l'*Amélioration et l'Utilisation des Eaux* en France, où parmi tant de savants, M. Faré ancien Directeur général des Forêts prit une part brillante, ne donne à penser que ces considérations d'ordre physiologique et social furent mises en valeur.

Elles constituent en réalité la pierre angulaire de l'œuvre de la Restauration des Montagnes, du grand mouvement sylvo-pastoral contemporain, de l'approvisionnement du sol en houille blanche, énergie de l'avenir (1) : elles ouvrent des horizons nouveaux, sur les dangers nés et actuels qu'entraîne l'application de notre législation montagneuse.

Certaines de nos terres pauvres, surtout en montagne, livrées depuis des siècles aux abus inhérents à la *jouissance collective*, sont stérilisées au point qu'elles n'assurent plus la misérable existence de leurs populations, si clairsemées soient-elles devenues : celles-ci s'y épuisent à lutter pour la vie, sur une terre où leur fait inconscient, toléré par l'Etat, a semé l'aridité et l'érosion.

A la fin de 1888, les habitants de la commune de Chaudun (Hautes-Alpes) réduits à quelques familles miséreuses et littéralement affamées, offrirent à l'Etat *la vente de tout leur territoire.* « La population parvenue au dernier degré de « misère, grattait et fatiguait un sol épuisé, tari, en y pro- « menant des troupeaux faméliques » (2). Aucun danger *né et actuel* ne menaçait immédiatement les existences. D'autre part, la suppression d'une commune était un cas bureaucratique nouveau, embarrassant. Aussi le formalisme à tous les degrés, se joua-t-il pendant des années de l'infortune de ces Ilotes. Comptant naïvement que les offres par eux faites seraient vite acceptées, ils avaient cessé tout travail agricole et pris leurs dispositions pour une rapide émigration. Ce n'est qu'en 1895, au bout de 7 ans ! qu'ils obtinrent leur libération.

Quelques années après, des faits de même ordre se passaient dans la commune de Châtillon-le-Désert (Hautes-Alpes). Les pâturages, unique ressource des habitants, s'étaient stérili-

1. *Le captage industriel de l'azote atmosphérique et le mouvement sylvo-pastoral.* Revue des Eaux et Forêts. Décembre 1906.

2. P. E. Chapelain. — *Le Torrent et les actions torrentielles dans les Alpes françaises.* Bull. C. A. F. section vosgienne 1904. Tirage à part, p. 27.

sés par le fait de l'érosion. Un incendie détruisit les habitations; les habitants à bout de ressources ne purent les reconstruire. C'était la fin. « Réfugiée dans le presbytère, l'église et la « maison commune, la population sollicita comme une faveur, « on pourrait dire comme une charité, l'acquisition de son « territoire par l'Etat » (Termes du Rapport).

Les communes de Chaudun et de Châtillon-le-Désert n'existent plus aujourd'hui ; leurs territoires ont été « nationalisés » par le service du Reboisement ; les débris de leurs populations sont allés coloniser au loin, ou errent sur les grands chemins !

Nul doute que si l'Etat-Providence eut, dans un beau geste, employé pour *prévenir* tant de ruines, alléger de si poignantes infortunes, une minime partie des ressources du budget du Reboisement qu'à cette époque il octroya sans compter aux travaux de Tête-Rousse, il eût évité ce douloureux exode, socialement inexcusable à une époque où surgissent partout les plaidoyers sonores contre l'exode rural, le surpeuplement des villes, l'émigration, la dépopulation des campagnes, pour les grandes idées de solidarité et de mutualité.

Dans un des bouts du monde du département des Basses-Alpes, les habitants de la commune de Mariaud (soit 20 familles), ont en 1905, offert à l'Etat les 2923 hectares de leur territoire au prix de 225.000 fr., soit à raison de 77 fr. l'hectare. Incapables de continuer à vivre sur un sol décharné, ces déshérités cherchaient à fonder un village en Algérie. L'Etat n'a pas encore accueilli leur demande ; pourquoi ? leur a-t-on procuré des moyens d'existence ? En tout cas la commune de Mariaud est toujours à vendre. 2.900 hectares offerts à l'Etat à raison de 88 fr. l'hectare ; quelle affaire ! A-t-on seulement songé à la signaler au *Syndicat Forestier de France ?*

Dans les Pyrénées, on a maintes fois cité une expropriation épique de terrains à restaurer et à laquelle le jury des Pyrénées-Orientales mit résolument l'embargo en 1897. L'Etat eut mille peines à se tirer de cette impasse avec honneur, si ce n'est avec profit. En tous cas, cette fâcheuse aventure a brisé l'essor de la restauration du sol dans les Pyrénées. Il n'existe qu'une région en France, les Cévennes, où la nature spéciale de la propriété territoriale, pauvre en terrain communaux, a permis à l'œuvre du reboisement, très habilement conduite, d'évoluer utilement jusqu'ici sans faire le vide autour d'elle.

En 1900, si l'on en croit un compte rendu officiel (1) qui annonçait pour 1945, l'achèvement de la Restauration des Montagnes en France, les débuts de l'âge d'or pour les populations montagneuses ! on estimait qu'il restait encore 172.000 hectares de nos terres pauvres à « nationaliser ».

Imagina-t-on à cette époque, la quantité de futurs émigrants, colons, chemineaux peut-être, à laquelle correspondait cette pseudo-restauration de nos montagnes ? Et cependant, le cas des communes de Chaudun et de Châtillon-le-Désert étaient bien connus ! Depuis lors, les novateurs en thérapeutique montagneuse les plus convaincus, se risquèrent à proroger d'eux-même, cette date si légèrement arrêtée (2). Aujourd'hui personne ne se fait plus d'illusions (3) sur le problématique achèvement d'une œuvre dont le caractère permanent et social est absolument évident (4).

D'après le compte-rendu cité précédemment :

Les dépenses *effectuées* depuis le début de l'œuvre de reboisement (1860) jusqu'en 1900, sont :

$$\left. \begin{array}{l} \text{Travaux de toute nature}\ldots\ldots\quad 41.224.209^f \\ \text{Acquisition de terrains}\ldots\ldots\quad 25.193.825 \end{array} \right\} 66.418.034^f$$

Les dépenses *prévues* pour l'achèvement des travaux (en 1945), sont :

$$\left. \begin{array}{l} \text{Travaux de toute nature}\ldots\ldots\quad 86.077.359^f \\ \text{Acquisition de terrains}\ldots\ldots\quad 26.793.094 \end{array} \right\} 112.870.453^f$$

Evaluation totale faite en 1900, pour 1945.. $\overline{179.288.487^f}$

Or, en 1900, les travaux du tunnel de Tête-Rousse inachevés, ne pouvaient être évalués exactement ; ceux du tunnel de Morel n'étaient même pas étudiés, ils ont coûté jusqu'ici,

1. *Restauration et conservation des terrains en Montagne*. Compte rendu sommaire des travaux de 1860 à 1900. Br. gr. in-8°, 33 p. Paris. — Imp. N¹ᵉ 1900.

2. Küss. *Le Reboisement des Montagnes*. Bullet. Soc. d'Encouragement pour l'industrie nationale. Août 1903. Tirage à p. page 9.

3. *Journal officiel* du 28 novembre 1906. Chambre. Discours de MM. Félix Chautemps, Ferdinand Bougère et Fernand David (rapporteur) Pages 2729 à 2732.

4. *L'achèvement de la Restauration des Montagnes en France*. Compte rendu du Iᵉʳ Congrès de l'Association pour l'Aménagement des Montagnes. Bordeaux, 1905.

paraît-il, 3 millions. De plus, on ne prévoyait pas les catastrophes de Bozel, de Modane et toutes leurs conséquences financières sur les ressources générales du pays. Enfin, une révision dite *définitive*, des périmètres, opérée en 1905, a porté de 325.062 h. à 345.140 h. la surface de terrains à restaurer. On se demande ce qui reste de la précision minutieuse donnée au compte rendu de 1900 ?

Si, en outre, on remarque que :

De 1846 à 1875, la réparation des dommages causés par les inondations aux routes, digues, ponts, etc., a coûté à l'Etat 71.710.000 francs (*Commission supérieure pour l'aménagement et l'utilisation des eaux*, 1re session 1878-1879. Rapport, pages 256-257) ;

que les dommages causés aux particuliers ont été évalués à :

178.100.000 fr.	en 1856	*(ibid.).*
43.750.000 »	en 1866	*(ibid.).*
100.000.000 »	en 1875	*(Chambrelent).*
21.000.000 »	en 1897	*(Trutat).*
TOTAL. 414.560 000 fr.	en 60 ans !	

Le bilan pécuniaire *minimum* de la dénudation des montagnes françaises ne sera pas *inférieur à 6 ou 700 millions* pour le siècle 1850-1950. Et encore dans ce compte, ne fait-on pas état de 75 millions de francs auxquels on évalue l'exportation nitrique *annuelle* de nos rivières, consécutive à la dénudation du sol. Comment apprécier la valeur des centaines d'existences déjà englouties au cours de ce siècle ?

On s'est plu jadis à reprocher à l'administration des « Forêts de continuer à vivre retirée, dans un isolement « dont la fierté ne laissait pas que d'irriter, à tort ou à rai- « son, la masse du pays,... semblant affecter de ne vouloir « prendre aucune part à la vie commune » (1), sans chercher ici à quel titre la critique fut formulée, il faut précisément reconnaître que c'est grâce à un recueillement, ce qui ne veut pas dire un « isolement », obligé où cherché dans les milieux montagnards, que les forestiers purent mieux que d'autres, étudier ces milieux et en parler. Ce qu'ils en ont

1. Marcel Taillis. Institut agronomique et Ecole Forestière, br. in-8, 17, p. — Toulouse-Grivot, 1885, page 7.

dit ou écrit n'a sans doute pas été sans quelque influence
utile sur le courant d'idées économiques et sociales que le
mouvement sylvo-pastoral contemporain fait pénétrer aujourd'hui dans « la masse du pays ». L'impulsion donnée très antérieurement à la critique ci-dessus, n'a jamais
cessé.

Au lendemain même de la promulgation de la loi de
1882, on proclamait son inaptitude à la réalisation de
l'œuvre projetée (1). Depuis, on s'est essayé, à d'utiles
perfectionnements visant surtout les régions pastorales, à
l'origine des eaux torrentielles. On a cherché sans résultats, à réglementer la jouissance des pâturages communaux (2).
On a tenté d'organiser un *Service des Améliorations
Pastorales :* ce faisant, on a si bien contrevenu à des lois
physiologiques élémentaires, qui ne sont cependant pas
étrangères à la matière, qu'on a coupé les ailes au nouveau venu. D'abord, dans ce cas étrange de pathologie
administrative, il ne semble pas que ce fut la fonction
qui créa l'organe ; de plus, par l'adjonction du *service de la
Pêche*, on a greffé sur un tronc à peine enraciné, deux bour-
geons disparates ; le plus gourmand des deux devait néces-
sairement absorber toute la sève disponible, épuiser l'autre.
Dans la même main se trouvèrent aux prises : la multitude
entreprenante des pêcheurs à la ligne, le troupeau restreint
et farouche des bergers. Ceux-ci ne demandaient qu'à être
oubliés ; c'est ce qui fut fait, à la satisfaction de tout le
monde... sauf du bien public.

Si l'on observe que, surtout en montagne c'est-à-dire sur
le dixième de notre territoire métropolitain, la dénudation
du sol progresse autrement vite que sa restauration ; que
chaque jour des torrents se révèlent dévastateurs et meur-
triers qui, hier, n'inspiraient aucune crainte ; que parmi tous
les « dangers » torrentiels, notre législation ne semble faire
aucun cas de ceux menaçants plus ou moins immédiatement
les existences humaines, on se demandera où, quand et

1. L. Tassy. *Restauration et Conservation des terrains en Montagne.* Paris, Roths-
child, 1883. Br. in-8°, 89 p.

2. C. Guyot. La Conservation des forêts et des pâturages dans la région des
Pyrénées. *Le Régime pastoral.* Compte rendu du Vᵉ Congrès S.-O.-N., Toulouse,
1903. — Id. *La Nationalisation du sol forestier.* Association pour l'Aménagement
des Montagnes. Compte rendu du Vᵉ Congrès. Bordeaux, 1905, p. 275 à 299.

J. Reynard. *Les Forêts d'utilité publique*, ibid. Bordeaux, 1905, p. 262 à 274.

comment s'arrêtera la « nationalisation » du sol, base de notre législation.

Celle-ci a prévu il est vrai, le reboisement volontaire : quel cas est-il permis d'en faire ? Tant qu'il s'agira de terrains « privés » simplement incultes, l'intérêt *personnel* des propriétaires isolés ou syndiqués suffirait, même sans l'aide de l'Etat (qui doit en principe être prodiguée sous toutes les formes possibles), pour une mise en valeur sylvicole. S'il s'agit de terres « banales », souvent torrentialisées, comme c'est le cas le plus général en montagne, l'intérêt *collectif* des propriétaires ne s'accommodera jamais bénévolement et sans de justes indemnités, d'une dépossession temporaire ou d'une inégalité quelconque de jouissance. La ruine du sol est fatale, souvent à brève échéance. Le ravinement des cultures installées depuis moins de cinquante ans sur les riches terres-noires de la Russie, la torrentialisation des maigres landes gasconnes en proie depuis des siècles à la dépaissance, sont des exemples de cette évolution culturale en région plane. Ces exemples foisonnent en montagne : le cas des « syndicats forestiers » pyrénéens est un des plus remarquables.

L'initiative privée ou même syndicale peut avoir un rôle des plus utiles pour le Reboisement ; mais c'est une ressource trop localisée, à trop longue échéance, le plus souvent impossible à coordonner. En montagne elle est impuissante à conjurer des dangers menaçants, trop généralisés. On ne saurait la développer en vue de lutter efficacement contre des influences lointaines et progressives qui exigent un programme méthodiquement conçu et suivi. Ce n'est qu'un utile appoint, ce n'est pas une base.

Dans les situations désespérées qui engagent gravement l'avenir et affectent un caractère de calamité publique, l'Etat « seul gardien des solidarités sociales, encore que ce soit sous « des formes coercitives » (C. Gide), a le devoir strict de faire plier l'intérêt collectif local devant l'intérêt public. Dans ce but, il cherchera d'abord, ce qu'il n'a jamais fait nulle part en France, à connaître les conditions « sociologiques et physiographiques », de jouissance du sol commun ; elles sont essentiellement variables suivant les régions, les vallées, les groupements communaux, etc. : j'ai cité le cas des Cévennes. Quelle occasion unique le *service des Améliorations Pastorales* eut trouvée là pour affirmer son esprit d'initiative (1)! Ces rapports élémentaires, na-turels, des populations et de leur sol une fois connus et largement vulgarisés, les Pouvoirs Publics en tireront les bases certaines et la force morale nécessaire pour exercer, dans la limite des ressources budgétaires, une intervention utile et énergique.

Cette action ne saurait mieux se modeler que sur le sys-tème de *Coopération* large et avisée que de généreuses initiatives inaugurèrent dans les Pyrénées et dans le Dau-phiné (2). L'expropriation du sol qu'il s'agit de restaurer est le moyen brutal des Pouvoirs faibles, c'est un expédient de fortune, il ne convient pas à l'Etat d'en faire le procédé courant qu'il tend à devenir en France aujourd'hui : il faut conduire l'œuvre de manière à enraciner le montagnard au sol de sa vallée et non pas à spéculer sur sa misère pour peupler avec lui nos colonies (3). Les Suisses ont agi sage-ment avec leur loi fédérale du 11 octobre 1902, scrupuleuse-ment soucieuse aussi bien de la propriété individuelle et de l'initiative des possesseurs du sol, que de la subordination des autorités cantonales au pouvoir fédéral, en ce qui con-cerne une rigoureuse protection du sol.

A défaut de l'effort conscient, énergique et permanent qui incombe à l'Etat seul et auquel ce dernier, comme on l'a vu, se dérobe de parti-pris, le pays doit se résigner à l'anéantis-sement progressif des énergies naturelles que l'irrigation, la

1. Ce n'est pas que cette initiative ait manqué. Aucun de ceux qui ont suivi les travaux de M. E. Cardot, qui s'en sont parfois inspirés, et je suis du nombre, ne sauraient l'ignorer. Ce fut bien l'ouvrier de la première heure, et pour quelle tâche : restaurer quatre millions d'hectares de terres-pauvres, où plus d'un million de déshérités luttent pour la vie !
Au début, on avait pourvu le Service Pastoral de deux ingénieurs-agronomes ; mais ils ont délaissé depuis longtemps un objectif qui ne pouvait sans doute leur assurer à eux aussi « des résultats immédiats et frappants ».
Nul de ceux qui cherchent à faire œuvre utile, en matière sylvo-pastorale, ne doit oublier qu'il ne travaille et ne sème que pour d'autres. Les forestiers sont des mutualistes... d'avant la lettre.

2. *Bulletin du Touring-Club de France*, novembre 1906, p. 490.

3. Trois auteurs ont formulé des projets ou avants-projets relatifs aux modifica-tions esentielles que comporte la loi du 4 août 1882, spécialement dans ses art. 2 et 4 qui constituent les caractéristiques de notre législation montagneuse.
Les mémoires et projets de ces auteurs sont insérés au compte rendu du Ier Con-grès de l'Association pour l'Aménagement des montagnes tenu à Bordeaux en 1905, in-8°, 345 p. Bordeaux-Féret, 1906.
E. Guyot. *Les Forêts de protection et le régime des forêts des particuliers*, p. 290-299
Reynard. *Les Forêts d'utilité publique*, p. 262-275.
L.-A.F abre. *L'Achèvement de la Restauration des Montagnes en France*, p. 47-70.

force motrice, la navigation, la santé publique tirent de nos montagnes ; on doit se résoudre à assister impuissant à l'essaimage lointain de nos populations alpines et pyrénéennes. Les lumières nouvelles que notre civilisation fait entrevoir à ces nouveaux ilotes, leur ouvrent les voies d'un nomadisme nouveau par l'outremer, vers les grandes plaines, les grandes illusions d'où très peu reviennent rallumer un foyer familial à jamais éteint. Et alors, chacun pourra se demander s'il convient d'obérer indéfiniment notre budget surappauvri, pour des restaurations problématiques : elles n'auraient même plus l'excuse de subventionner des « ateliers nationaux », puisque les maçons, mineurs et terrassiers de nos chantiers de reboisement, sont en majorité des piémontais et des espagnols.

On fit évidemment fausse route en ne canalisant pas méthodiquement et exclusivement sur le terrain forestier et pastoral, les remarquables initiatives qui se sont développées depuis quelques années pour restaurer nos montagnes. Il semble qu'on puisse reconnaître sans fausse honte ces « dérivations », toutes à l'honneur des esprits entreprenants qui les ont imaginées. Persister dans cette voie dangereuse, serait compromettre le rôle si généreux dans le passé, si grandiose dans l'avenir, que la science forestière française tient à honneur de conserver dans l'œuvre créée par elle de la Restauration des Montagnes.

La science de cette Restauration est loin d'être une. Sa complexité ne demande pas d'autre preuve que la masse de connaissances qu'est obligé d'acquérir celui qui cherche pourquoi le brin d'herbe vivant peut, mieux que le bloc inerte, stabiliser à jamais le sol, y domestiquer les eaux superficielles. Quand il s'agit de l'usage du sol, comme dans tous les cas où intervient vis-à-vis de la nature la concurrence intéressée de l'homme, si différente du struggle spontané des êtres inconscients où la loi du « nombre » se substitue violemment à celle de « l'évolution », les faits de tous ordres s'associent, s'enchaînent, se compliquent, s'opposent parfois à l'infini. La nature est une interlocutrice qui ne supporte pas les lisières : elle exige qu'on sache lui parler. La culture primitive qui vécut si longtemps de l'humus des forêts, se ruine en devenant extensive aujourd'hui ; l'industrie qui recourt de plus en plus aux houilles nouvelles, blanche et verte, en épuise chaque jour les sources, avec la pâte-à-papier, l'acide gallique, sans compter peut-être les découvertes de demain ; l'Etat de plus en plus à court d'argent et de bras, laisse incendier, hâcher, pâturer ses forêts montagneuses ; beaucoup d'entre elles donnent des revenus positifs elles sont toutes protectrices d'un sol qui fuit et dont les populations miséreuses suivent au loin les épaves... Des questions aussi complexes, des « pour et contre » aussi subtils, sources permanentes de graves conflits entre l'Etat-Pouvoir et l'Etat-Industrie, ne sont pas solutionnés par des procédés intensifs, ruineux, localisés outre mesure : ces coups d'éclat ne constituent à aucun point de vue des méthodes pour la Restauration des Montagnes.

Il est encore d'autres « dérivations » au Reboisement, plus anciennes que la conception même de l'œuvre : jeveux parler des *endiguements* torrentiels, des *barrages-réservoirs.* Je n'aurais pas eu à m'en préoccuper ici, car elles ont été et doivent rester absolument en dehors du champ de notre activité forestière, si depuis quelques années, on n'eût cherché à occuper l'opinion avec ces panacées d'un autre âge de la lutte pour et contre l'eau. Nul ne peut cependant ignorer aujourd'hui que dans toutes les régions torrentielles du monde, les faits hurlent contre ces chimères ! Atterris, rompus, déchaussés, surmontés, tournés, digues et barrages-réservoirs installés à portée des *torrents* n'ont occasionné partout que de ruineuses déceptions quand ce ne furent pas de lamentables catastrophes.

Il y a longtemps qu'on sait à quoi s'en tenir sur la valeur des endiguements dans nos grandes vallées fluviales, à Toulouse particulièrement. Dans les Alpes, on eut l'idée de barrer la Durance à Serre-Pons, on projette de barrer le Verdon en amont de ses clues... attendons la fin ! En Languedoc, l'immense bassin de Nourouze aménagé par Riquet fut, peu après lui, nivelé par les atterrissements que la rigole d'alimentation du canal du Midi recueillait en route. Si le vaste réservoir de Saint-Ferréol, en tête de cette rigole, subsiste encore, c'est qu'il est alimenté d'eau et défendu de l'alluvionnement par le puissant massif forestier de la Montagne-Noire. En haute Gascogne, il n'est pas de vallée, de plateau, où la hantise des grands barrages, des immenses réservoirs n'ait sévi. Périodiquement, le service hydraulique qui a souci des responsabilités qu'on voudrait lui faire assumer, cherche par ordre et pour la galerie, des emplacements de barrages qu'il sait mieux que personne, ne jamais réussir à trouver.

Faut-il donc tant parler de l'immense labeur intellectuel et matériel que fournit depuis 60 ans, la science hydraulique dans la zone alpine et nivale de la haute-Neste, pour arriver à distribuer pendant les 4 ou 5 mois de soif, sept (7) mètres cubes d'eau dans le talweg torrentiel des dix-neuf (19) rivières qui sillonnent la plaine sous-pyrénéenne ? Quand ce résultat mesquin aura été atteint, « l'idée » sera à bout de voie : ne sera-ce point une véritable faillite... à moins que ce ne soit le commencement d'un nouveau déluge ?

Nulle région submontagneuse n'a plus de torrents et moins d'irrigations que la plaine sous-pyrénéenne.

Si ces travaux prestigieux sont sans effet appréciable sur l'enrichissement des rivières, le régime de ces dernières n'en saurait éprouver aucune régularisation. Tous ces ouvrages sont situés dans la zone alpine des Pyrénées, au voisinage de 2.000^m et au-dessus : c'est-à-dire dans la zone sèche du massif, au-dessus de la zone humide, pluvieuse, à grand ruissellement. C'est dans cette dernière zone, essentiellement forestière et en masse dénudée aujourd'hui, que se font les grandes précipitations atmosphériques génératrices des inondations (E. Marchand). Les travaux en cours ou projetés n'ont d'autre but que de capter les émissaires de quelques lacs naturels, de forer ou surélever leurs digues morainiques ou rocheuses, derrière lesquelles s'emmagasinent des eaux glaciaires : or *ce ne sont jamais les eaux de ces régions qui déchaînent les inondations pyrénéennes*. L'accord est absolument fait sur ce point entre les géologues, météorologistes, ingénieurs et forestiers, autant que sur l'impossibilité de barrer le cours d'un gave dans sa vallée. Les « oules » atterries qui se suivent dans les vallées montagneuses et y nivellent d'anciennes cuvettes lacustres, ne laissent aucun doute sur le sort qu'auraient les réservoirs projetés aujourd'hui.

L'accord paraît beaucoup moins fait avec certains agronomes qui estiment que l'évolution pastorale des Pyrénées exige la conversion du reste des forêts montagneuses en « taillis broutables » : le mot n'est pas nouveau, le fait encore moins. Louis de Froidour les décrivait déjà au xviie siècle, ces « petitz bois abroutis », expliquant la conversion irrémédiable que le berger et son troupeau leur faisaient subir. Où sont-ils aujourd'hui ces « taillis broutables » d'antan ?

Une bonne fois, qu'on laisse donc tous ces leurres, tous ces châteaux en Espagne, dans l'atmosphère des Montagnes-Fées dont ils ne servent qu'à parer les légendes ! De telles « dérivations » ne sauraient plus illusionner personne aujourd'hui. Elles ont la valeur du sophisme alpin qui voudrait faire dériver du décharnement torrentiel des versants la richesse des vallées. Toutes les montagnes ont leurs légendes, il faut les y laisser dormir et se garder d'en faire des arguments scientifiques.

Quelle valeur objective, au point de vue du reboisement, convient-il de donner aux *expériences nivométriques et pluviométriques* poursuivies, d'ailleurs avec la moins discrète des sollicitudes, dans certaines de nos régions nivales et torrentielles ? Quelle « loi » comptent-elles vérifier ou découvrir ? Si au moins c'en était une plus efficace que la loi du 4 avril 1882 ! Cette course au nivomètre « qui reste à trouver » (Dr Ouadé) ; ces explorations intra-glaciaires longues et dispendieuses auxquelles on eut peut-être aussi utilement et à coup sûr plus économiquement procédé, avec la simple baguette de coudrier ; ces pluviomètres et cet outillage de fortune, installés en vue « d'essais ou expériences » sur des landes au ruissellement meurtrier ; tous ces dehors pseudo-scientifiques et hâtifs comptent-ils à l'actif de la Restauration du sol ? Ne sont-ils pas plutôt d'intentionnelles « dérivations » apportées à cet objectif, en vue d'illusionner les masses crédules, et alors… ? Qui osera jamais, en effet, subordonner les travaux que l'Intérêt Public oppose aux dangers *nés* et *actuels* issus de circonstances lointaines dans le temps et dans l'espace, aux résultats de cette expérimentation byzantine ou tout au moins absolument spéculative ? Si l'on eut voulu procéder en suivant des méthodes réellement scientifiques, on n'eut pas oublié si longtemps que les glaciers progressent, en Savoie comme ailleurs, et qu'ils peuvent y être sondés ; on ne se fut pas borné à planter des minces rideaux d'arbres sur des landes dénudées et torrentielles, à y semer l'illusion d'un réel boisement.

Pour conclure, et en tenant compte aussi bien de l'expérience acquise et des critiques justement formulées, que des cas nouveaux qui peuvent surgir au cours de cette œuvre à peine à ses débuts, il convient de départir en principe et aussi nettement que possible la tâche entre ceux auxquelles elle peut échoir. Ce départ est nécessité par des lois strictes ; soit *de nature* en ce qui concerne l'adaptation de l'organe à la fonction ; soit *de travail* en vue du moindre effort, en ce qui concerne la spécialisation de l'ouvrier à l'œuvre : il s'impose aussi bien, dans l'ordre matériel de *l'exécution des travaux,* que dans l'ordre économique de la *préparation législative.*

Aux uns, versés dans le calcul précis et la technique des résistances de la matière, doit être dévolu le soin de parer, au moyen d'œuvres intensives, aux ruines issues de l'inertie de cette dernière, à l'énergie de ses forces déchaînées : glissements et effondrements de montagnes et de rochers ; barrages, forages, endiguements, dérivations de torrents *nés et actuels* qui travaillent soit à ciel ouvert dans les gorges et les thalwegs, soit dissimulés sous d'épaisses carapaces glacées.

A d'autres, familiers du struggle permanent que les iorêts et les pelouses livrent partout « pour et contre l'eau », et des contingences physiologiques, il appartiendra de mettre en œuvre et par voie extensive, l'association des « petits moyens » adaptés à l'utilisation de cette double lutte ; ils auront surtout pour mission de capter le ruissellement, ce torrent en herbe qui dort sur le sol des versants forestiers et pastoraux, afin de faciliter la conversion de son énergie en houille-blanche. (1)

Quatre millions d'hectares de déserts et de landes stériles à mettre en valeur ; des milliers de montagnards à soulager dans leur lutte incessante pour la vie ; l'analyse sociologique des conditions de leurs groupements ; n'est-ce donc pas un champ économique, un objectif social suffisant pour les plus inlassables initiatives ? En montagne, bâtir est sans doute une tâche difficile ; mais peut-on la comparer à celle qui consiste à planter des forêts, semer des pelouses, conserver ces proies qui tentent, enraciner des populations peu maniables et ingrates, à un sol qu'elles désertent après l'avoir désertisé ?

1. La consolidation de la montagne du Péguère qui domine Cauterets et dont les forestiers pyrénéens tirent honneur à juste titre, est un cas tout spécial. Les projets les plus extravagants avaient été mis en avant pour sauver la station thermale irrémédiablement condamnée à être pulvérisée par le délitement de cette montagne. En désespoir de cause, on proposa au service forestier d'assumer la responsabilité de cette consolidation. Demoûtzey accepta, MM. Loze et Dellon menèrent à bien cette merveilleuse et unique entreprise.

La coopération étroite de *l'ingénieur* et du *forestier* à ce labeur et pour cet objectif communs, est trop naturellement indiquée, elle est trop profitable à l'intérêt public, pour qu'il soit besoin de faire autre chose ici que de la signaler. On l'avait envisagée jadis dans les Pyrénées (1) : il est probable que si l'on eût voulu harmoniser ces activités qui se complètent et ne peuvent se suppléer, l'œuvre de la Restauration des Montagnes eut progressé en France plus qu'elle ne l'a fait jusqu'ici.

Une *Commission parlementaire* a été instituée en 1905 pour la Révison du Code Forestier : d'aucuns voient dans ce fait une « tentative de bouleversement » pour notre ancienne législation forestière (2). Il faut convenir que ces appréhensions sont légitimes (3).

De nombreuses *commissions scientifiques* ont été instituées au cours de ces dernières années, auprès du ministère des Travaux Publics ou de celui de l'Agriculture, pour discuter les questions de houille blanche, d'hydrologie générale, d'hydraulique agricole, d'irrigation, d'assainissement du sol, d'assèchement de tourbières, toutes étroitement connexes de la lutte pour et contre l'eau. On y trouve disséminés, sans « bénéfices mutuels » et sans cohésion entre eux, les noms de hautes sommités scientifiques, *MM. Angot, Flamant, Grandeau, Haug, de Margerie, Martel, Michel-Lévy, Muntz, Rabot, Rivot, Schrader, de Tavernier*. Si l'Etat, sollicité par le mouvement sylvo-pastoral contemporain, veut donner une utile impulsion à la Protection du sol montagneux, il lui serait facile, d'adjoindre à ces noms si qualifiés, ceux d'éminents économistes, tels que *MM. Cheysson, A. Leroy-Beaulieu, Levasseur, Mabilleau, Zolla...* Il reconstituerait ainsi le puissant

---

1. Lettre du ministre des Travaux Publics du 4 Janvier 1879 au ministre de l'Agriculture sur l'ensablement du port de Bordeaux et l'urgence des travaux de reboisement dans les Pyrénées.
Voir : Bouquet de la Grye. *Recherches hydrographiques sur le Régime des Côtes.* XIIIᵉ cahier. 1880-1882, pages 85 à 95, etc.

2. C. Guyot. *Réflexions sur la nationalisation du sol forestier.* Cᵗᵉ rᵘ Iᵉʳ Congrès. Association pour l'aménagement des montagnes. Bordeaux, 1904, p. 283.

3. Le rapport du ministre de l'Agriculture sur la Réforme du Code Forestier, porte qu'il y a lieu : « *d'étudier dans un sens libéral les mesures à prendre pour permettre l'exercice du pâturage dans les forêts communales, tout en veillant à la conservation des massifs* ». Journal officiel du 3 avril 1905, page 2161.

faisceau de lumières que M. de Freycinet sut grouper en 1878 pour « l'Aménagement et l'Utilisation des Eaux ». Les travaux de cette époque ont eu une influence utile sur notre législation montagneuse de 1882 qui réalisa certains progrès sur celles antérieures de 1864 et de 1860.

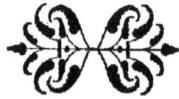

BERGERAC. — IMP. GÉNÉRALE (J. CASTANET)

www.ingramcontent.com/pod-product-compliance
Lightning Source LLC
Chambersburg PA
CBHW070714210326
41520CB00016B/4332